U0215780

# 绿色印刷

## 保护环境 爱护健康

亲爱的读者朋友：

本书已入选"北京市绿色印刷工程——优秀出版物绿色印刷示范项目"。它采用绿色印刷标准印制，在封底印有"绿色印刷产品"标志。

按照国家环境标准 (HJ2503−2011)《环境标志产品技术要求 印刷 第一部分：平版印刷》，本书选用环保型纸张、油墨、胶水等原辅材料，生产过程注重节能减排，印刷产品符合人体健康要求。

选择绿色印刷图书，畅享环保健康阅读！

北京市绿色印刷工程

这本奇迹童书属于

_____

作者申东璟1968年生于春川，毕业于首尔大学。现在从事儿童图书编辑工作。通过和孩子们一起对住处周围小溪的仔细观察，写成了这本书。现一家四口住在议政府市。

作者博客：http://blog.naver.com/einhund

绘者金在焕1974年生于首尔，毕业于弘益大学绘画系。现在从事儿童图书的配图工作。平常喜欢探寻山中和田野里的小鸟和其他小动物。梦想是和小朋友们一起分享这种快乐。作品有《树丛里的啄木鸟》和《恐龙留下的时间胶囊》。

本书所有动植物名由国家林业局规划设计院专家审定，特此感谢！

我的课外观察日记 ②

# 我的河流
# 观察日记

[韩] 申东璟 / 著

[韩] 金在焕 / 绘

秦晓静 / 译

北京联合出版公司

## 大家好！我的名字叫小夏。

在这个世界上，我最喜欢的是在水里生活的东西。

刚搬来这个公寓的时候，看到楼的正前方有条小溪，别提有多高兴了，还以为夏天能去玩水呢。然而，现实却马上让我灰心丧气。我到小溪边看了看，发现那里乱糟糟的，还有股难闻的气味。从那以后，我就再也不愿意看它一眼了。

可是，那条糟糕的小溪却成了我现在最爱去的地方。那是因为，慢慢地我才知道有很多可爱的小鸟生活在小溪边。我花了一年的时间观察小溪，记下这本日记。还画了张地图，把见到鸟儿的具体地点仔细做了标记。说到这儿，你想不想知道我是怎么遇见它们，它们又是怎样生活的呢？那就来看看我的日记吧。

4

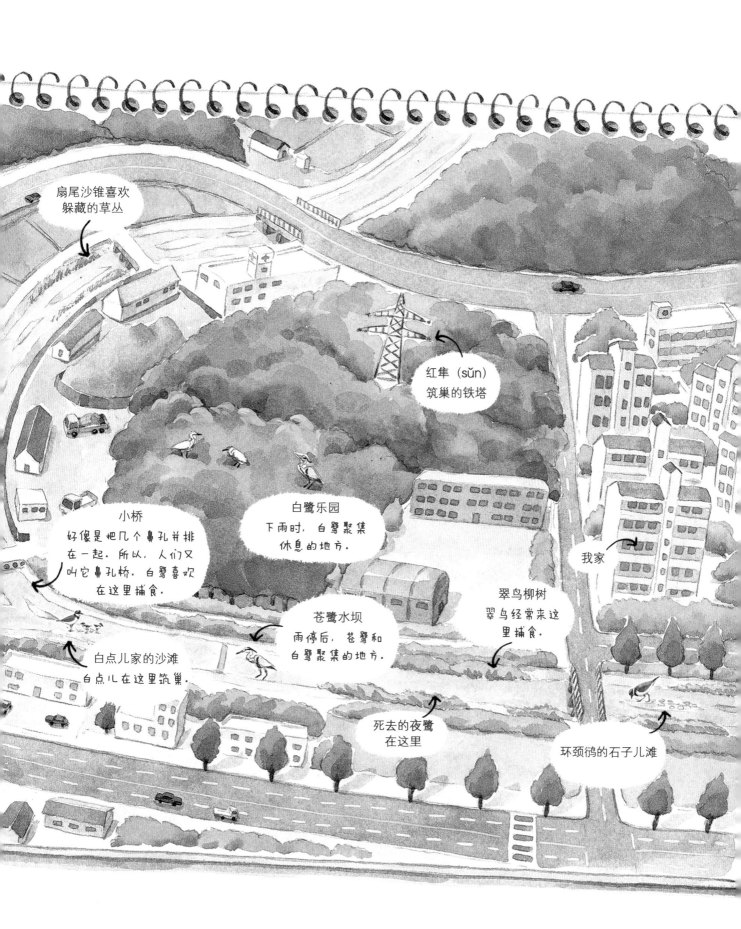

# 2月3日_ 我第一次见到环颈鸻

快来看，你们见过这样的鸟吗？它叫做环颈鸻。
爱好观察鸟类的爸爸教我认识了它。

这是怎么回事儿呢？事情是这样的——

今天早晨，爸爸把还在呼呼大睡的我叫醒，说：
"小夏，小溪那里来小鸟了。我们快去看看。"

爸爸每天早晨都用双筒望远镜观察小溪，终于让他等到鸟儿了。

我没来得及揉一揉眼睛就跟着爸爸奔下楼去。

顺着爸爸指的方向，还真看到了一只小鸟。这就是环颈鸻。

我一下子就喜欢上了这个长得圆滚滚的小家伙。

因为有了环颈鸻，我开始喜欢上了这条原本看都不愿看的小溪。

爸爸说冬天还会来很多种鸟，星期天我们再来。

于是，我开始好奇星期天会看到什么样的鸟了。

环颈鸻有爸爸
一拃 (zhǎ) 那么长。
从头到尾约
21 厘米长。

这张照片是我拍的。
找停在石子儿滩上的环颈鸻
就跟找水印①差不多。
它们和小石头的颜色太相似了。
大家猜猜，照片里有
几只环颈鸻呀？

① 水印：指在造纸过程中形成的，"夹"在纸中而不是在纸的表面，迎光透视时可以清晰看到有明暗纹理的图形、人像或文字。

环颈鸻

# 2月5日 寻找藏起来的小鸟!

终于等来了星期天。我们全家都来到小溪边看小鸟。

环颈鸻还在上次发现它们的地方，一动不动地待着。

最开始，我们只发现了大块头的苍鹭。

后来，沙滩、石子滩和溪边的枯草丛里，

扇尾沙锥、白腰草鹬(yù)、白鹡鸰和很多不知名的小鸟

一个个映入眼帘。

我忙着到处找小鸟，倒是有点像玩捉迷藏游戏了。

扇尾沙锥、白腰草鹬、白鹡鸰是为了躲避严寒

才从遥远的北方飞来这里的。

问题是这里也很冷的呀。

也许，北方比这儿还要冷吧。

环颈鸻
正坐在石子儿滩上休息。
它能整整一小时动都不动，
真是厉害。

苍鹭
苍鹭是个渔夫，
冬天夜晚也会出来捕食，
鱼儿肯定很怕它。

白鹡鸰
它总是一边走一边摇尾巴。
因为像老奶奶，又被叫做婆婆鸟。
可是跟我奶奶一点儿都不像。

8

斑嘴鸭
经常看见它们呱呱地叫着
在溪面上飞。

白腰草鹬（yù）
正在半闭着眼睛打瞌睡。飞起来
的时候，会发出"哔（bì）哔"的
声音，所以又叫它哔哔鸟。

扇尾沙锥（zhuī）
擅长隐蔽在草丛里面，很难找到它
们。飞起来时，会发出叫声。

## 鸟儿可以单腿站立

鸟儿可以单腿站着睡觉，
据说是为了御寒才那样的。
鸟的腿上没有羽毛，很容易感到冷。
所以，它们一条腿站立，
另一条腿藏在羽毛里取暖。

死夜鹭
夜鹭半闭着眼睛，
它已经死了。
接下来会发生什么事情呢？
我要多多留心。

## 3月7日_ 消失的环颈鸻，
## 新来的金眶鸻

环颈鸻　　金眶鸻

小溪水坝上硬邦邦的冰开始融化了。

每天上学、放学的路上，

我都要看一看环颈鸻是不是好好的。

可从几天前开始就见不到它们了。代替环颈鸻的是金眶鸻。

它们长得极其相似，只不过金眶鸻的眼睛上像戴着一副金丝眼镜。

金眶鸻是夏季候鸟，它们越过海洋，从遥远的南方飞来这里产卵繁殖。

说不定眼前的小家伙就是在这里出生的呢。

在小溪边生活了一整个冬天的白腰草鹬和扇尾沙锥这样的冬候鸟快要飞回

北方的家乡了。话说回来，环颈鸻又不是候鸟，它们到底去了哪里？

红耳彩龟

正在石头上面晒太阳呢.
因为捕食本地鱼类，还挨了人类不少骂.
但是红耳彩龟是冤枉的,
是人类把它从遥远的国家带来这里的,
又不是人家自己找来的.

金眶鸻

大白鹭

小白鹭

长着漂亮白羽毛的白鹭鸟也飞来了。
大个儿的是大白鹭，
小一些的是小白鹭，它们都擅长捕鱼。
现在渔夫队伍里不单有苍鹭了，
鱼儿们要更加小心才好。

灰背眼纹白鹡鸰

## 小溪边的鹡鸰兄弟们

白鹡鸰
冬天在小溪边出生，春天回到北方。

黑背鹡鸰
春天来这里繁殖，冬天回到南方。

灰背眼纹白鹡鸰
由南向北迁徙过程中，暂时在这里停留罢了。这种鸟被称为旅鸟。

灰鹡鸰
和黑背鹡鸰一样，春天来，冬天离开。它们的羽毛漂亮吧？

## 3月11日_ 金眶鸻与黑背鹡鸰之争

今天还是没有看见环颈鸻，金眶鸻倒是越来越多了。

金眶鸻很喜欢溪边湿润的沙滩，可能是那里食物多的缘故吧。

听说金眶鸻视力很好，能找到非常小的昆虫。

可是我却看不到它们吃了些什么，

只是偶尔看到长长的东西从地里被拉出来。

别的鸟儿也喜欢来沙滩，这就是黑背鹡鸰。

也许因为这两种鸟吃相同的食物，

所以它们偶尔会发生争执。

倒不是你一拳我一脚地打，

而是飞快地跑过去或者飞得很低地吓唬对方。

外人无法搞清楚到底谁赢谁输。

金眶鸻

黑背鹡鸰

肯定是谁把死夜鹭吃掉了。
它的身体不见了，只剩下一堆
凌乱的羽毛。沙滩上留下了脚印，
还有脚趾甲的痕迹，
看样子罪魁祸首可能是貉（hé）。
它为什么要吃夜鹭呢，
我就不得而知了。

## 金眶鸻吃什么呢？

这是金眶鸻的脚印。
水边上有很多。这就是
金眶鸻在溪边觅食的证据。
沙滩上有很多昆虫，
爬来爬去的蜘蛛之类，
都是金眶鸻爱吃的食物。

荨（xún）麻芽

蜘蛛

这是金眶鸻的
嘴巴印。

哇，终于看到这家伙的真面目了，
原来是条小蚯蚓。

吃蚯蚓的金眶鸻.

这是蚯蚓的粪便.

## 3月15日_ 金眶鸻的好眼力！

现在我已经搞清楚到小溪的哪些地方
能见到哪些鸟了。那是因为——
虽然鸟儿可以飞到任何地方，
但休息和觅食场所却是固定的。
沙滩上就很容易见到觅食的金眶鸻，但很难接近。
它们的眼力不是一般的好。
要是感觉好奇想靠近观察的话，它们百分百会识破，
然后迅速飞走。我和爸爸冥思苦想了一个好办法。
为了不被发现，我们悄悄地趴在地上，慢慢往前爬，
然后藏在草丛后面静静地观察。

金眶鸻

① 人们一靠近金眶鸻，就能马上被发现。它们会把脖子伸长又缩回，发出呜呜的又高又难听的叫声。

② 要是人悄悄地退回去的话，它又会重新缩起脖子，安静地站着。偶尔还打个盹儿。

别以为我不知道，哼！

③ 再往前靠近，它会迅速飞走。

## 大鸟更胆小

我看起来像胆小的样子吗？

我很想在近处观察白鹭和夜鹭捕鱼的过程。

可即便远远地看见我，它们也会逃走。

也许是体形大，从老远就能发现对方吧。

这让我得出大鸟更加胆小的结论。可爸爸却有不同的看法。

"体形大的鸟受到惊吓后起飞要花费更多的时间。要总是慢吞吞的话，就有被突然扑来的猫、狗抓住的危险。所以我认为，只要一察觉到有危险，它们就会毫不迟疑地飞走逃生。体形小的鸟，能快速反应过来，所以才显得比较从容。"爸爸说得有道理。

也是啊，单看夜鹭和白鹭的长嘴巴和犀利的眼神，也不像那么胆小的鸟。

## 3月21日_ 我的朋友白点儿

金眶鸻鸟群里面有个与众不同的家伙。
它抓食之前，非得用脚啪啪地敲打敲打地面。
说不定是想抓住受到惊吓而跳出来的小虫子。
我仔细观察过，鸟群里只有它这样。
因为额头上的黑色横带上赫然有颗白点儿，
我索性给它取名叫"白点儿"。
我打算和白点儿交个朋友。朋友嘛，
就要一眼认得出来才行。金眶鸻们都长得差不多，
根本分辨不出谁是谁。我的白点儿就不一样了，
不管在哪儿，我都能一下子找到它。

头上的白点儿

白点儿

我脖子上
有颗
小黑点儿。

### 白鹭张开腿的时候，
### 大家要小心了！

白鹭张开腿的时候，大家要多加小心。
有一次，我正在抬头看一只飞着的白鹭，
本来两条腿并排紧贴着飞得好好的，
突然往两旁张开了。紧接着，
白色的粪便掉了下来。
也许白鹭是不想弄脏自己的腿吧。
以后白鹭飞着飞着突然张开腿的话，
我们可要迅速躲开了。

小心
我的大便！

哎呀，
脏死了。

## 3月30日 _ 无形的篱笆

一圈、两圈、三圈……二十二圈。
从今天早上开始，金眶鸻不停地盘旋着在小溪上空
画出大大的圆圈。我第一次见到这种情景。
爸爸说，像是雄鸟在巡视自己的领地。
就像人们在地上竖起篱笆一样，鸟儿们能圈起无形的篱笆，
防止其他雄鸟的闯入。因为只有这样才能成功交配，
养育自己的后代。在我看来，
这些雄金眶鸻不过是在骄傲地自我炫耀罢了。
我们班里的男孩子们也是这么无谓地
在我面前炫耀力气来着。

它们为什么总是转个不停呢？

那是在巡视自己的领地。

### 候鸟的长途旅行

终年生活在同一区域，
不因季节变化而迁徙的鸟，
叫做留鸟，像麻雀等。
冬、夏两季生活区域不一样的鸟，
叫做候鸟，像金眶鸻等。
候鸟们飞到温暖的南方过冬，
夏天又飞回北方繁殖。
如此一来，它们每年都会经历漫长的
旅行。当然还要不眠不休地飞越茫茫大海。据说，候鸟们没有地
图和指南针也能记得住路。

## 可怕的挖掘机

出什么事儿了？小溪流的都是浑水。罪魁祸首就是正在小溪里挖沙的挖掘机。

这样做是为了防止夏天发生洪涝灾害。短短几个小时，金眶鸻和黑背鹡鸰最喜欢的沙滩就被清理一空。金眶鸻和黑背鹡鸰只好躲在小溪一旁的水田里，也就是我们去年冬天用过的溜冰场地。水田里到处是融化的冰水，土壤变得很湿润，正是它们喜欢的。觅食的红隼飞来了，蹲在水田上方的电线上。

地上的金眶鸻和黑背鹡鸰并没有逃走。是忙着吃食没看见呢？还是压根儿就不害怕红隼呢？

黑背鹡鸰

金眶鸻

**驱赶红隼的喜鹊**

红隼

喜鹊

蹲在电线上的红隼被喜鹊们赶走了。开始只有一只喜鹊飞过来，停在红隼旁边一动不动。也许还是有些害怕它吧。

一会儿，又飞来一只喜鹊。两个家伙开始啄红隼的翅膀。红隼岿(kuī)然不动地和他俩抗衡。

不多时，第三只喜鹊飞来了。它们一起驱赶红隼。最终，红隼还是招架不住，飞得无影无踪了。

几天后，下了一场雨，小溪的水变得湍急起来。可是，你们知道接下来发生什么事情了吗？挖掘机清理过的地方又出现了一片沙滩。金眶鸻和黑背鹡鸰也回到了老地方，真是值得庆幸。要是给挖掘机司机叔叔看到，说不定会发脾气的。

## 金眶鸻交配

我今天看到非常有意思的一幕。两只金眶鸻紧挨在一起，
其中一只又是刷拉一下张开尾羽，又是把尾巴翘上天的。
这时候，另一只突然跳到它的背上。然后又跳下来，到处找食吃。
这就是所谓鸟儿的交配。往背上跳的那只是雄鸟。交配之后，就该产卵了吧。
金眶鸻的鸟卵长什么样子？一次产几颗呢？
我的朋友白点儿也应该交配了吧？真是让人挂念。

## 春天是交配的季节

山斑鸠在树枝上交配。
和金眶鸻一样，也是雄鸟跳到雌鸟
的背上再下来。
交配后，两只山斑鸠互相梳理
脖子上的羽毛。它俩感情很不错呢。

山斑鸠（jiū）

雄绿头鸭

雌绿头鸭

这是一对绿头鸭，
它们一起赶走了另外一只雄鸟。
最近，经常能看到这种成双成对的鸟。

它叫矶鹬（jī yù），是夏候鸟，
我头一次见到。名字是不是很特别？
矶鹬来回走动觅食的时候，
尾羽会不停地摇动。跟白鹡鸰一样，
会和金眶鸻争抢食物。
这个家伙也会找个合适的地方产卵的。

矶鹬（jī yù）

## 5月10日_ 金眶鸻产卵了！

几天来，我每天都早早起床，去小溪那儿仔细寻找金眶鸻的窝。

功夫不负有心人，终于找到了。金眶鸻先是伏在沙滩上，看到我和爸爸它又逃走了。

但不像平时那样飞得远远的，只是跳到不远处，注视着自己刚才离开的地方。

一系列异常的举动，帮助我们发现了藏在那里的鸟蛋。

一共四颗，也就是说这对金眶鸻总共产下四颗卵。找到鸟蛋之后，我们就赶紧闪开了。

千万不能妨碍雌鸟孵蛋。这片沙滩也被挖掘机清理过，

要是他们再来挖沙可怎么办呢？但愿这几颗卵不要出差错。

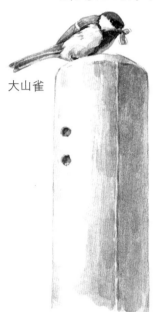

大山雀

叼着虫子的大山雀出现在了
电线杆上。电线杆顶上的洞
里面藏着幼鸟。鸟儿真会找
地方垒窝呀。

藏在小溪边草地里的猫。
对金眶鸻来说，猫远比狗要危险。
狗总是冒冒失失，
猫却悄无声息，小心翼翼。

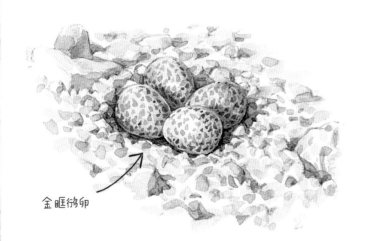

金眶鸻卵

### 简陋的鸟窝，不引人注目的鸟蛋

金眶鸻的鸟窝怎么看都不像个窝的样子。
不过就是在沙滩上稍微刨一刨，
只要鸟蛋不滚出去就行。看到鸟蛋后，
我才明白之所以这么简单垒窝的原因。
金眶鸻蛋和鹌鹑蛋极其相似，
蛋壳上都有斑驳的花纹。
站在近处，也不容易被发现，
因为很难和四周的沙滩区分开来。
金眶鸻不是筑下坚固的鸟巢，
而是产下了其他动物难以发现的鸟蛋。

小溪边慢慢悠悠溜达的小狗

有一次，小狗冲着在水边吃食的金眶鸻扑了过去。

金眶鸻飞走了，小狗却向小溪跑来，扑通扑通地一直追到水里。

结果当然是什么小鸟也没抓到了。

话又说回来，小狗的嗅觉那么灵敏，鸟蛋要被它们发现可就惨了。

金眶鸻的鸟窝

9点7分

白点儿正在孵蛋。有时候动一动身子，
好像是为了让每颗鸟蛋均衡地受热。

## 5月12日_ 白点儿夫妇孵蛋记

我又一次找到了金眶鸻的窝，两只鸟正轮流孵蛋。
因为金眶鸻雄鸟和雌鸟长得一模一样，根本分不清
谁是爸爸，谁是妈妈。这时，我惊喜地发现，
其中一只正是我的白点儿。它孵完蛋起来，
一边吃食，一边跺脚呢。这真让人兴奋啊。
高兴之余，我也给另外一只起了名字，就叫黑带儿。
白点儿和黑带儿享受着温暖的日光浴，
一个小时一轮换地孵蛋。孵蛋的时候，不能吃东西，
伴侣回来之前要一动不动地守着窝。
这时候来了入侵者，可把它俩劳累坏了。
入侵者是另外一只金眶鸻，不知道什么原因，
总是想靠近鸟窝。每当这时，
白点儿夫妇都要驱赶它，费尽力气。

黑带儿

白点儿

10点5分

黑带儿飞来了。白点儿开
始哗哗地低声叫。黑带儿
也发出同样的叫声。

10点6分

白点儿起身朝水边走去。黑带儿
来到窝边。它们两个就像陌生人
一样，互相看都不看一眼。

24

10 点 10 分
黑带儿正在孵蛋。
白点儿在水边吃了会儿食，
又向远处飞走了。孵蛋要不吃不喝，
这会儿可得多吃点儿才行。

10 点 25 分
飞来一只金眶鸻，这就是可恶的入侵者。
它悄悄地向鸟窝靠近。黑点儿站起身来，
一边扑向入侵者，一边高声发出哗哗的叫声。
入侵者只是稍稍退后，并没有逃走。

入侵者

黑带儿

入侵者

10 点 27 分
白点儿飞了回来。
是不是听到了黑带儿的声音呢？
它俩一起向入侵者扑过去，
这才把它赶走。

10 点 30 分
一只鸟孵蛋，另一只飞走了。
呃，又变成白点儿孵蛋了。
才换班没多久，因为入侵者捣乱，
又得来孵蛋。它肯定肚子饿得很厉害。
没办法，50 分钟后黑带儿才能回来替它呢。

## 5月17日_ 小溪上的"渔夫们"

这段时间虽然下了几场雨，白点儿的家却安然无恙。

让人吃惊的是，它总能找到溪水淹不着的安全地带。

可我还放心不下，每次下雨都怕鸟窝被淹到。

另外有一些家伙越是下雨越开心，就是那些"渔夫们"。

就像今天这样，雨后次日的清晨，大白鹭、小白鹭和苍鹭，

再加上晚上才出来觅食的夜鹭，都蜂拥到了水坝底下。

它们全都觊觎(jì yú)着那些想借上涨的溪水越过水坝的鱼儿。

那些看到它们捕食过程的人，肯定都会被白鹭的捕食技术所折服。

牛背鹭
牛背鹭和白鹭类似，只是
它不吃鱼，吃虫子，所以
经常在草地那里出现。

大白鹭
它们是不是像在跳舞？
其实，是在为争夺
好位置而打斗呢。

苍鹭

夜鹭

即便到了夜晚，鱼儿们也无法安心。
那是因为苍鹭和夜鹭会在这个时候出来觅食。
它们异常小心地走来走去，
突然像鱼叉一样把脑袋伸到水里，正中目标。
它们的技术比晚上出来钓鱼的叔叔们熟练多了。

## 先吞下鱼头

鸟没有牙齿，不能咀嚼食物，只好整个吞下去。
"渔夫们"抓到鱼之后，一定会先把鱼头吞下去。
这样，咽的时候才不会被鱼刺和鱼鳍划伤喉咙。
所以，白鹭和夜鹭捕食后并不马上吞下，
而是用嘴把鱼拨到合适的姿势才开始吞鱼头。
这个过程中，有些鱼儿就能借机逃脱，幸免于难。

绿鹭

看到它头上的黑发带了吗？
这家伙特别擅长捕鱼。
注视水中鱼儿的样子帅呆了。

## 5月20日_ 跳水选手——翠鸟

今天见到一只颜色非常漂亮的小鸟。
后来才知道，它不光外表好看，
捕食技术也是一流的，
在捕鱼方面不输给任何鸟类。
这就是跳水选手——翠鸟。
翠鸟停在伸向溪水的柳树枝或者草上，
然后异常敏捷地扎入水中捕食。
有的时候，静止停在空中，
再伺机跳到水里捕食猎物。
也许在小鱼看来，
好比晴天霹雳一样吧。
翠鸟叼着战利品飞走了，
像是回去给雏鸟喂食去了。
仔细找找，
应该能在小溪里找到它的窝吧。

### 翠鸟喜欢柳树

经常见到翠鸟穿梭在溪边的树之间觅食的情景。
这些树是柳树，栽在岸边，
树枝却可以一直伸到溪水上方。
这些位置是翠鸟的最爱·站在这里，
不用静止停在空中也能清楚地观察水里的情况。
因此，想见到翠鸟的人，
不妨去水边的柳树那儿走一走。
麻雀也同样喜欢柳树，
因为那里有它们喜欢吃的虫子，
也就是啃食柳树叶的柳二十斑叶甲。

麻雀

柳二十斑叶甲

## 翠鸟的捕食方法

① 停在柳树枝上，注视水中情况。

② 跳到水里后又返回，没有鱼。
捕食失败！

③ 这次静止停在空中寻找目标。

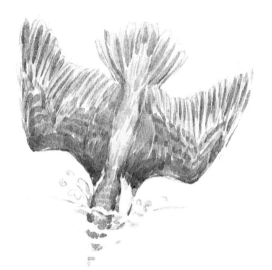

④ 再次跳入水中！

⑤ 成功！叼着鱼尾，在树枝上猛摔鱼头。
这样是为了把鱼摔晕。

⑥ 呃，没有直接吞下去，而是衔
着鱼嗖地一下飞走了。啊，原来
是急着回去喂小鸟呢。

# 5月22日_ 小鸟们出壳了!

自从爸爸几天前说金眶鸻幼鸟快孵出来之后，我就每天跑到鸟窝那里看。

迫不及待地想要看到小鸟们到底长什么模样。

爸爸说我的心情和他当时等待我出生时的心情一样。

昨天去姨妈家的路上还瞅见黑带儿在孵蛋，

今天回家时发现鸟蛋没有了，窝里多了几个棉花团一样的灰色雏鸟。

短短一天之内，它们就破壳而出了。

白点儿正在窝里搂着它们。

没能看到雏鸟破壳那一幕，

对我来说，多少有点儿遗憾。

但四个小家伙平安出生，还是挺让人欣慰的。

金眶鸻雏鸟

雏鸟正紧紧伏在地上等妈妈呢。
危险的时候它们就会这样。
害怕被发现，一动也不动，
可是眼睛却瞪得大大的。

出壳的第二天。
雏鸟们在鸟窝附近找食吃。
爸爸妈妈不会给它们现成的。
一出生就自己觅食，真是了不起。

白点儿和黑带儿突然远离雏鸟，
开始哔哔哔哔地叫起来。
雏鸟们马上一动不动地俯在原地。
原来有只红隼正停在西边的电线杆上。
它们这样做，是为了吸引红隼的注意力，
保护自己的孩子。

拖拉机的到来，惊走了红隼。
爸爸妈妈重新回到雏鸟身边，
发出哔哔的低沉、怜爱的叫声。
好像在和孩子们说，
警报已经解除了。
雏鸟这才站起来觅食。
有几个小家伙扑到妈妈怀里撒娇。

## 5月27日_ 找到翠鸟窝了！

我找到翠鸟的窝了。翠鸟叼着一条小鱼，从白点儿家上空飞走了。
我穷追不舍，终于发现了它的窝。翠鸟在挖掘机挖开溪坝的地方凿了个洞。
现在的水坝都是用水泥或者石头做的，翠鸟肯定费了好大工夫才找到这面土墙。
挖掘机这回算是做了件好事。爸爸和我又在鸟窝前竖了一根木桩。
翠鸟叼着小鱼回来后，在木桩上面站了一会儿才钻进窝里去。
希望雏鸟长大之前，挖掘机别再来骚扰它们了。

**寻找翠鸟窝**

翠鸟！叼着小鱼飞走了。
快跟上它。看来鸟窝在那附近。

嗯，这次又往反方向飞走了。嘴里的小鱼也不见了。
应该是喂完雏鸟后，又出去觅食了。
我们再等等看。

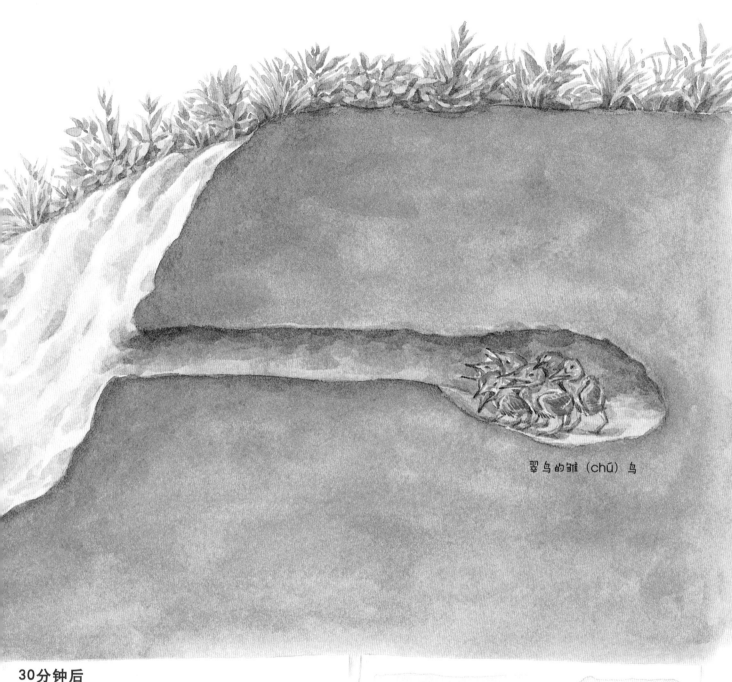

翠鸟的雏（chú）鸟

**30分钟后**

它又叼着小鱼回来了。
我们快过去看个究竟，转过弯儿就看不到了。

这里竟然有面土墙。
还有个洞呢。终于被我们找到了。

翠鸟的窝

## 6月3日_ 环颈鸻，欢迎你！

今天，我把小溪附近彻彻底底地翻了个遍。
因为我认为除了白点儿家以外，
其他的金眶鸻兴许也正在小溪的某个地方养育着雏鸟。加上白点儿家，一共有四对鸻鸟带着雏鸟。
其中一对就是春天消失了的环颈鸻，
我们算得上是老友重逢啊。环颈鸻也生了四颗蛋，
两只已经破壳了。刚出壳的雏鸟羽毛湿漉漉的，
眼睛都睁不开。可能小金眶鸻出生时也是这个样子吧。
亲鸟半蹲在窝上面搭着凉篷，还到溪边打湿胸脯湿润鸟蛋。
可能害怕鸟蛋太热，给它们降降温。

环颈鸻的窝

750 米

偶尔在这
里打架

金眶鸻的窝

### 鸟儿保卫领地的原因

我知道为什么金眶鸻春天不停地在天上盘旋，
保护领地了。它们需要给雏鸟划定觅食范围。
雏鸟可以在爸爸捍卫的无形"圈地"里面尽情地享用美食。
鸻鸟们筑巢时相互保持一定的距离，也是因为这个原因。
冬天成群结队的环颈鸻要寻找繁殖领地，各自散开，
所以看不出来。地盘临近的环颈鸻和
金眶鸻还会偶尔打起来呢。

翠鸟的窝

8150 米

白点儿家

## 刚出壳的环颈鸻雏鸟

刚开始，
浑身的毛湿漉漉的，
连眼都睁不开。
据说雏鸟出壳后，
亲鸟会把蛋壳扔得远远的。

两个小时后，
毛全干了，
眼睛也睁起来了。

三个小时后，才有了力气，
开始在鸟窝附近走动。
它和金眶鸻雏鸟很像，
只是腿比较长。
所以看起来像只小鸵鸟。

金眶鸻的窝

———— 9100 米 ————→

35

## 6月17日_ 金眶鸻长得好快！

这段时间，我一直留心观察着。白点儿家的雏鸟长得可真快呀。

出生还不到一个月已经和爸爸妈妈个头差不多了。

羽毛和面相稍有差异，块儿头简直一样。

更重要的是，它们会飞了。

还有个不幸的消息，

其中的两只小鸟死掉了。

**出壳后第3天**

正在水边吃食儿，
跑得也挺快。
黑带儿和白点儿正费劲地
驱赶出现在沙滩上的金眶鸻。
是不是孵蛋时出现的
那个入侵者？

**出壳后第7天**

几天不见，它们已经能蹚过小溪了。
是不是看起来成熟了些？
翅膀上开始长出羽毛。有危险的时候，
还是会紧贴在地上，
等爸爸妈妈解除警报才起来。
让人痛心的是，只剩下了三只雏鸟。

### 出壳后第10天

从小溪对岸回来，
回到鸟窝旁边的沙滩上。
危险时，不等爸爸妈妈解除警报，
自己就能视情况决定是不是能站起来。
这其间，又少了一只小鸟。
是谁下了黑手？红隼还是喜鹊？
说不定是几天前一个夜里在水坝上
看到的黄鼠狼。

### 出壳后第20天

剩下的两只小鸟平安无事。
翅膀上的羽毛长了许多。
展开翅膀，猛地起跳，
能飞上1米多的距离。
飞行经验还是远远不够的。
小鸟吃食的时候，
我仔细观察了好久，
想知道白点儿的孩子们
是否也会跺脚。结果是没有。
看来白点儿没把这项技能传下去。

### 出壳后第27天

幼鸟已经有亲鸟那么大了。
漂亮吧？尽管它们飞得很好，
爸爸妈妈还是会在附近保护着。
这里聚集了五只幼鸟。
白点儿家的孩子和别家的孩子
混在一起了。
也许，孩子们真正会飞的时候，
亲鸟们就不用继续守卫领地了。

## 6月28日_ 鸻鸟们消失了！

已经好几天没有见到金眶鸻和环颈鸻了。
它们像是事先商量好的，一起消失了。
几天后，雨季开始了。
昨晚开始下起大雨，
深红色的泥水湍急地流着，
像是要漫过小溪的水坝。
喜欢下雨的小白鹭
和苍鹭也停在小坡上面的松树上休息。
鸻鸟筑巢的沙滩变成了一片汪洋。
要是金眶鸻再晚几天繁殖的话，
飞得还不太好的幼鸟就会被水淹死。
神奇的是，金眶鸻知道雨季何时到来，
计算好日子，离开了小溪，
也许带着孩子们开始了越洋的长途旅行。
环颈鸻是留鸟啊，它们又去了哪里呢？
去水淹不到的地方避难了吗？
雨季结束，大水退去的话，
还会再回来的。

白点儿筑巢的地方，
新冲来的沙子把遮挡雏鸟
的草埋得严严实实。
大水还冲来一棵树呢。
要是雏鸟继续留在这里，
就难逃此劫了。

## 聪明的小白鹭

最难被鸟儿咽下的鱼就是泥鳅了。
因为泥鳅会用细长的身体把鸟嘴缠起来。
然而，要是被聪明的小白鹭抓住，就只好乖乖地束手就擒。
抓住泥鳅的小白鹭会从小溪走到岸上。
好像知道就算意外失手，泥鳅也不能游回去逃走一样。

红隼幼鸟
它们的家在高高的铁塔上.

黑背鹡鸰幼鸟
正在水边吃食儿.

## 7月12日 小溪是养育幼鸟的母亲

还是看不到金眶鸻和环颈鸻的踪影。

我今天见到了几个新朋友。溪边的柳树枝上站着四只翠鸟。

奇怪了，翠鸟从来都是独自捕食的呀。

四只同时出现的话，肯定就是今年才出生的幼鸟了。

我怕挖掘机再去骚扰它们，整天提心吊胆的。

好在小鸟们都已经顺利长大，离开了鸟巢。

小翠鸟们一个一个地跳到水里，却谁都没有捉上鱼来，

看来还要再多加练习才行。

这一带除了小翠鸟之外，还有很多别的幼鸟。

全都是今年出生的小家伙。

小溪真像一位伟大的母亲，

幼鸟们能够在这里觅食、休憩，快乐地长大。

夜鹭幼鸟
幼鸟和亲鸟的羽毛颜色相差
很多. 它今天抓到鱼了吗?

斑嘴鸭幼鸟
六只幼鸟正和妈妈藏在水田埂上. 想到小溪
对岸的话, 需要穿过一条路, 它们能行吗?

鸳鸯（yuān yāng）幼鸟

幼鸟们跟着妈妈游来游去。

## 9月15日_ 这里生活着哪些鱼呢？

长鬃蓼(zōng liǎo) 花在水边盛开着，秋天来了。

我们用塑料瓶做了个捕鱼筒去小溪捉鱼。

因为一直弄不明白鸟儿吃的是些什么食物。

成群结队游走的小鱼，看起来好像很容易抓到手。

可它们游得实在太快了，根本抓不着。倒是衣服都被打湿了。

小鸟能抓住速度那么快的鱼真是令人赞叹。

捕鱼筒捉到的全都是背斑而已，白鹭能吃到很大的鱼，

从这一点判断的话，小溪里不光生活着背斑一种鱼。

所以，我们又想出了别的办法：找到钓鱼的叔叔们，

看他们钓到了什么鱼，问了问还能抓住些什么鱼。

这样，我们就知道了小溪里生活着哪些鱼了。

### 生活在小溪里的鱼类

**宽鳍(qí)**
我见过在水里游的宽鳍。
身体侧面的花纹很漂亮。

**背斑**
背斑生活在小溪上游清澈的水里，
很适合被身材小巧的翠鸟捕食。

**泥鳅**

**鲇(nián)鱼**

这两种鱼，我都没亲眼见到过。
也许它们都能缠住白鹭的嘴巴吧。

**鲫鱼**
我见过一个叔叔钓到的鲫鱼。
也许，只有白鹭或者苍鹭这样
个头大的鸟才能吃得到。

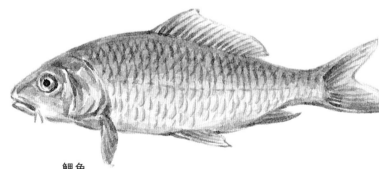

**鲤鱼**
它总是在水里慢慢地游来游去。
鲤鱼个头太大，恐怕苍鹭都吃不了它。

**爸爸做的捕鱼筒**

这里抹了大酱。

把捕鱼筒固定在小溪底部的绳子。

进水的小洞。

这些叫长鬃蓼
(zōng liǎo) 花,
开在晚夏时节。
远远望去,
像是在地上
撒了一层雪。
近看才知道这花
是多么漂亮。

长鬃蓼花

## 12月3日_ 草籽儿是鸟儿的食物！

溪坝上的小路冻得硬邦邦的。春天时离开我们的白鹡鸰、
白腰草鹬和扇尾沙锥都回来了。它们肯定该大吃一惊，
因为这段时间里，小溪的变化实在太大了。为了修建自行车道，
从去年开始挖掘机就把小溪一侧的岸边推成了平地，一棵草都没有留下。
对面岸边则覆满了枯草，麻雀和棕头雅雀就在这片草地里觅食，
 喜鹊和斑嘴鸭扒拉着干枯的葎草找种子吃，
 北红尾鸲(qū) 忙着啄食月见草种子，
 看起来乱糟糟的干草还能给鸟儿提供食物呢。
 修成自行车道的那边看不到一只鸟，
 干净利落，不见得总是好事儿。

棕头雅雀

葎草种子

麻雀

月见草

北红尾鸲

## 小鸟是这么吃荨草种子的

荨草结了好多籽儿，能让很多小鸟填饱肚子。
但是，每种鸟吃荨草籽儿的办法都不一样。

斑嘴鸭

斑嘴鸭的嘴巴又秃又笨，
不会只挑种子吃。
它们往往含着掺了土的种子
到水边，然后把嘴伸进水里
摆一摆，才把冲刷干净的
种子吃进肚里。

棕头鸦雀

棕头鸦雀体重很轻，
可以攀在荨草上吃种子。

喜鹊

喜鹊用尖尖的嘴啄食掉在
地上的种子。

## 收集小鸟爱吃的草籽儿

荨草种子

月见草种子

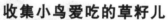

药蓼子草种子

稗（bài）草种子

这些是萝藦（luó mó）的种子。鸟儿是不吃的，
可我很喜欢。轻轻吹口气，
种子就会飞到天上去，可漂亮了。

### 12月7日_ 哇！麻雀树！

　　每到冬天，体形小的鸟会成群地活动。一大群麻雀站在掉光了树叶的树上时，就跟叶子又重新粘上去了一样。我把它叫做麻雀树，只有冬天才能看得到。据说，鸟儿冬天成群活动是因为食物不够吃。这样做，很多双眼睛一起搜索，更容易找到食物。但是，就算找到了食物也要和大家分享，很难吃得饱。为了度过寒冷饥饿的冬季，小鸟们学会了相互帮助和让步。

## 12月11日_ 帅气的猎手——红隼

小溪边上生活的小鸟中，最帅气的要算红隼了。
我见过它在天上做静止飞行的样子，真是帅呆了。
不管风有多么大，它就像印在画纸上的点一样，在原地保持不动。
而后，又以迅雷不及掩耳之势，向草地俯冲下来。
再次腾空而起的红隼脚趾间露出一根田鼠的尾巴。
原本还以为它是在兜风玩呢，
其实，人家静止飞行的时候，
是在寻找草地上的猎物呢。

在电线杆顶上享
用猎物的红隼.

### 红隼的好视力！

据说，红隼能够看到
人类肉眼看不到的紫外线。
田鼠在草地上撒尿后，
尿迹能发出紫外线。
因此，红隼在天上静止飞行时，
就能判断出田鼠的行动迹象，
把它成功捕获.

红隼眼中的田鼠尿迹

斑嘴鸭的脚印

走过来的方向

在一脚，右一脚，
鸭蹼（pǔ）的痕迹
清晰地印在了
雪地上。

径直走到这里后，
好像犹豫了一下该往哪边走，
脚印变成了花朵的形状。

又往这边走去。

## 12月13日_ 雪中的脚印

昨天下了一场大雪，不知道雪后小鸟们怎么生活。
也许是不好找吃的，沙滩上几乎没有鸟。
可是，白白的雪地上却印着各种各样的脚印。
通过动物们留下的脚印和痕迹来了解发生了什么，
是件很有意思的事。
好像自己摇身一变成了侦探。

喜鹊的脚印

走过来的方向

一步一步地走到这里。
像是在找食物。

两只脚跳到这里。
是不是碰到狗了？

这是起飞时留
下的翅膀印。

嗯？这是爸爸的脚印呀！

这个是颗粒状呕吐物。灰林鸮和猫头鹰会把田鼠整个儿吞下去，不能消化的毛和骨头被压缩成一个小球吐出来。尽管我没能见到灰林鸮和猫头鹰，但是发现呕吐物，就说明它们在附近活动过。

田鼠骨头

颗粒状呕吐物

苍鹭的脚印
苍鹭沿着水边寻找过小鱼。

獐子的粪便
我在草丛里看到了獐子的粪便，是獐子在这里生活的确凿证据。

獐子的脚印
像是来喝水的。

## 12月18日_ 鸭子来了！

小溪里的鸭子多了起来。
因为它们要从北方飞来我们国家过冬，
这条小溪的入河口，来的鸭子更多。
尾羽长长的针尾鸭颜色特别漂亮。
不知怎么回事儿，
我觉得琵嘴鸭的样子有点儿吓人。
紫鸳鸯的嘴巴末端像钩子一样，能够潜到水里捕鱼。
我最喜欢的是可爱的小鸊鷉(pì tī)，
它竟然会"水上飞"的绝技，很让人惊奇。
眼前有那么多好看的小鸟，大家却都漠不关心。
我把望远镜递给一个路过的叔叔，让他看一看远处的针尾鸭。
叔叔说针尾鸭很漂亮，他也和我一样被小鸟们吸引住了。
喜欢小鸟的人多起来，才能把小鸟的栖息地保护得更好。

红头潜鸭

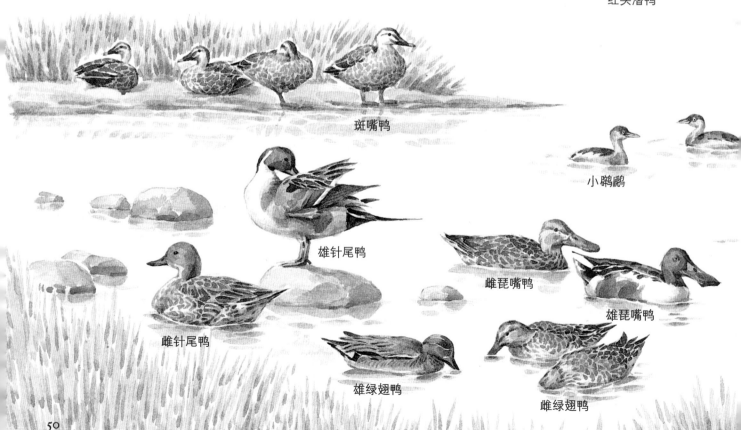

斑嘴鸭

小鸊鷉

雄针尾鸭

雌琵嘴鸭

雄琵嘴鸭

雌针尾鸭

雄绿翅鸭

雌绿翅鸭

雌紫鸳鸯　　　雄紫鸳鸯

雌绿头鸭

雄绿头鸭

51

## 12月22日 _ 环颈鸻，加油！

今天我特别高兴，因为环颈鸻又回来了。

在我第一次发现它们的石子儿滩上停着五只环颈鸻。见到它们，
让我又高兴，又担忧。因为为了修自行车道，人们把小溪破坏得不成样子。
明年春天就更难找到筑巢的沙滩了吧。

不过，我相信它们没问题的。

通过这一年来的观察，我知道鸟类是很聪明的。环颈鸻，加油！

# 小溪边的鸟类挂历

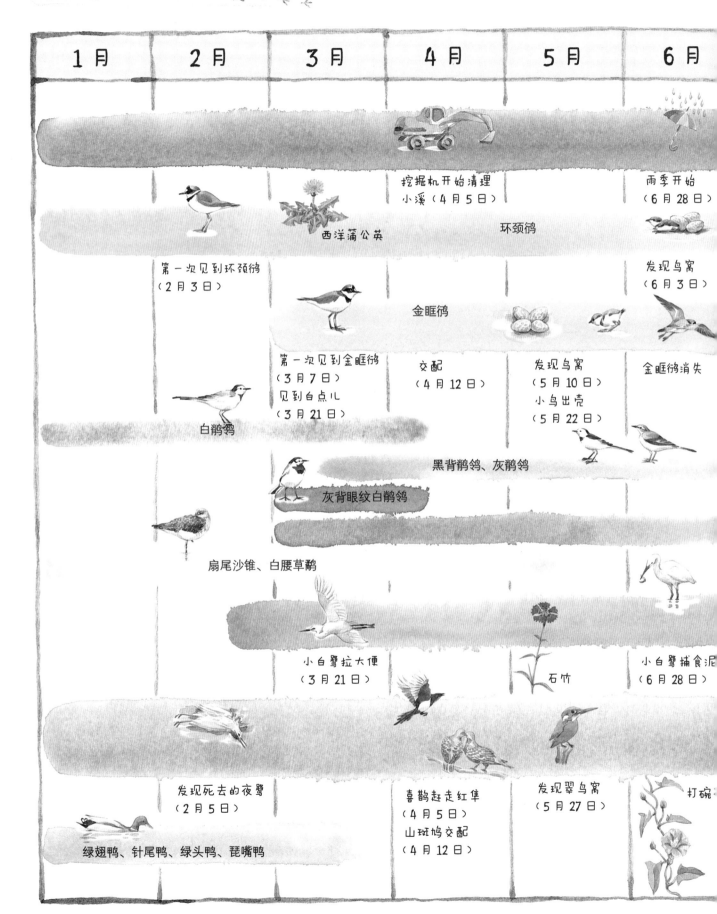

| 1月 | 2月 | 3月 | 4月 | 5月 | 6月 |
|---|---|---|---|---|---|

挖掘机开始清理
小溪（4月5日）

雨季开始
（6月28日）

环颈鸻

西洋蒲公英

第一次见到环颈鸻
（2月3日）

发现鸟窝
（6月3日）

金眶鸻

第一次见到金眶鸻
（3月7日）
见到白点儿
（3月21日）

交配
（4月12日）

发现鸟窝
（5月10日）
小鸟出壳
（5月22日）

金眶鸻消失

白鹡鸰

黑背鹡鸰、灰鹡鸰

灰背眼纹白鹡鸰

扇尾沙锥、白腰草鹬

小白鹭拉大便
（3月21日）

石竹

小白鹭捕食泥
（6月28日）

发现死去的夜鹭
（2月5日）

喜鹊赶走红隼
（4月5日）
山斑鸠交配
（4月12日）

发现翠鸟窝
（5月27日）

打碗

绿翅鸭、针尾鸭、绿头鸭、琵嘴鸭

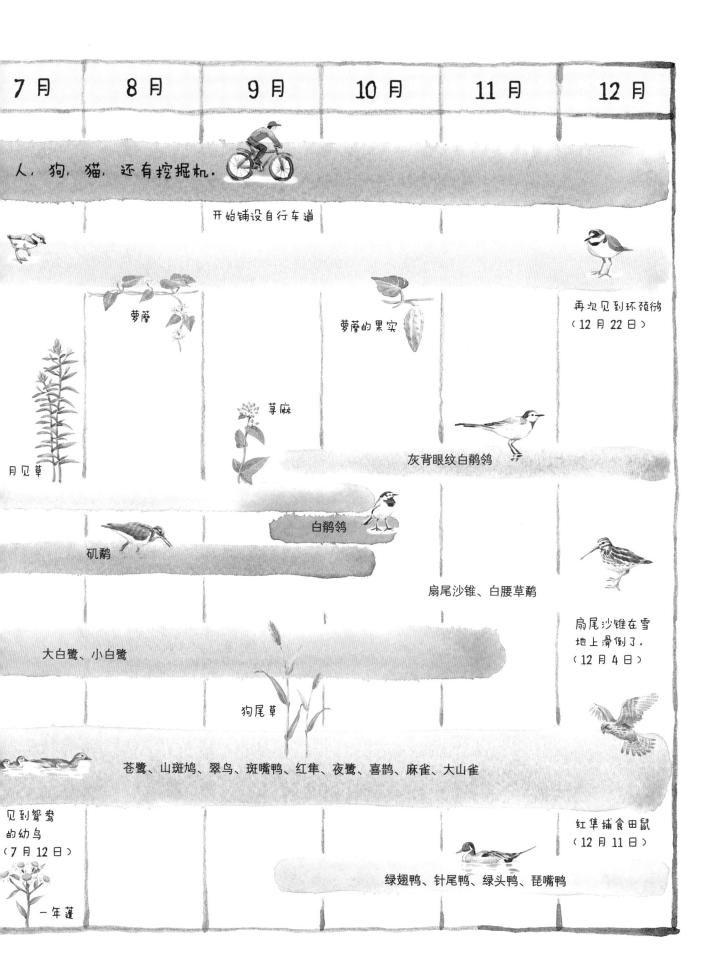

7月　8月　9月　10月　11月　12月

人，狗，猫，还有挖掘机。

开始铺设自行车道

再次见到环颈鸻
（12月22日）

萝藦

萝藦的果实

荨麻

灰背眼纹白鹡鸰

月见草

白鹡鸰

矶鹬

扇尾沙锥、白腰草鹬

扇尾沙锥在雪
地上滑倒了。
（12月4日）

大白鹭、小白鹭

狗尾草

苍鹭、山斑鸠、翠鸟、斑嘴鸭、红隼、夜鹭、喜鹊、麻雀、大山雀

见到鸳鸯
的幼鸟
（7月12日）

红隼捕食田鼠
（12月11日）

绿翅鸭、针尾鸭、绿头鸭、琵嘴鸭

一年蓬

我的课外观察日记 ❷

# 我的河流观察日记

[韩] 申东璟 / 著　　金在焕 / 绘　　秦晓静 / 译

**图书在版编目（CIP）数据**

我的河流观察日记/（韩）申东璟著 ；（韩）金在焕绘 ；秦晓静译.
—北京：北京联合出版公司，2011.12
（我的课外观察日记）　ISBN 978-7-5502-0330-3

Ⅰ.①我… Ⅱ.①申… ②金… ③秦… Ⅲ.①鸟类-少儿读物
Ⅳ.①Q959.7-49

中国版本图书馆CIP数据核字（2011）第239377号
北京市版权局著作权合同登记图字：01-2011-6307

丛书总策划/黄利　监制/万夏　责任编辑/李征

编辑策划/设计制作**奇迹童书**　www.qijibooks.com

여름이의 개울 관찰일기 2007 by Shin Dong-kyoung & Kim Jae-hwan.
All rights reserved. Simplified Chinese Translation rights arranged by
Gilbut Children Publishing through Shinwon Agency Co., Korea
Simplified Chinese Translation Copyright 2012 by Beijing Zito Books Co., Ltd.

北京联合出版公司出版（北京市西城区德外大街83号楼9层　100088）
北京瑞禾彩色印刷有限公司印刷　新华书店经销
110千字　720毫米×1000毫米　1/16　12.5印张
2012年1月第1版　2015年1月第5次印刷
ISBN 978-7-5502-0330-3　定价：79.90元（全三册）